ÉQUATION TRIPLE
EN PARTIE DOUBLE,

OU

SYSTÊME COMPLET
D'ÉCRITURES
POUR GESTION ANNUELLE.

CET OUVRAGE SE TROUVE,

A ROUEN, chez VALLÉE frères, Libraires;
A LYON, chez MAIRE, Libraire;
A BORDEAUX, chez BERGERET, Libraire;
A MARSEILLE, chez MOSSY, Libraire.

ÉQUATION TRIPLE

EN PARTIE DOUBLE,

OU

SYSTÊME COMPLET

D'ÉCRITURES,

POUR GESTION ANNUELLE,

TENUES SIMPLEMENT ET EN PARTIE DOUBLE;

Utile aux Comptables, Marchands, Négocians, Banquiers et Propriétaires.

PAR **M. VIOLLETTE**, DE PARIS.

Le Commerçant veut se rendre compte;
Le Comptable doit justifier ce qu'il a fait.

PRIX : *4 fr.*

A PARIS,

CHEZ { L'AUTEUR, rue des Lions-Saint-Paul, N.º 12;
LEBLANC, Imprimeur-Libraire, Abbaye Saint-Germain-des-Prés,
rue Furstemberg, N.º 8 *ter*.

1819.

AVANT-PROPOS.

LE Code de Commerce voulant que les commerçans fassent chaque année l'inventaire de leurs effets mobiliers et immobiliers, et de leurs dettes actives et passives ; et l'Ordonnance du Roi, du 18 novembre 1817, ayant imposé aux principaux comptables dépendant de l'administration des Finances, l'obligation de compter, par année, de toutes leurs opérations quelconques, j'ai cherché un moyen simple qui mît à découvert les *rapports exacts* existant entre les valeurs et les dispositions, les crédits et les débits des comptes des commerçans et des comptables, afin qu'ils pussent exposer d'une manière satisfaisante la totalité de leur gestion, par année, au moyen d'un système simple et clair, précis et complet.

J'ai pensé qu'il fallait adopter une méthode d'Écritures en partie double, qui conservât dans leur simplicité les élémens des comptes composant la gestion, qui mît ces élémens des comptes en rapport direct avec les comptes courans ; et qui classât à part les comptes de détail, soit de produits, soit de services, propres à établir les restes à recouvrer et les restes à payer au moment où la gestion s'arrête.

Subordonnant donc les comptes de détail aux comptes de gestion, et les comptes de gestion à des élémens invariables, il m'a paru qu'il en résultait un ensemble facile à décomposer et à recomposer, et que les élémens simples présentés et certifiés véritables par le commerçant ou le comptable, comme composant sa gestion entière, était une première satisfaction, qui persuadait à l'instant de l'exactitude et de la vérité des comptes courans produits par ces élémens, et des comptes de détail reposant sur ces comptes courans et de gestion.

Il m'a paru aussi que la balance des comptes ainsi ordonnés et dégagés des contre-parties pour conversions de valeurs, était elle-même un compte rendu, susceptible d'analyse dans toutes ses parties, et de tous les développemens désirables, et remarquable à cause des rapports exacts existant entre les comptes.

Les valeurs et les dispositions étant les seuls élémens des comptes, je détermine ces valeurs et ces dispositions avec tant de certitude, que ces élémens des comptes ainsi fixés donnent lieu à une *équation triple*, qui fait voir comment la *partie simple* est en rapport exact avec la *partie double*.

La méthode qui produit ce triple rapport est simple ; mais avant de la faire connaître, il est bon, pour l'intelligence de la chose, et pour l'instruction de ceux qui ignorent la méthode usitée, de commencer par les notions premières, de dire les principes généraux, les règles particulières aux livres des valeurs et des dispositions, de faire application de ces principes et règles, et enfin d'indiquer la méthode que je propose et qui produit ce résultat.

J'énoncerai ensuite *l'équation* que j'avance comme incontestable, et comme devant éclairer à toujours l'ensemble de toutes opérations faites et décrites en *partie double*.

Enfin je terminerai par un exemple succinct de gestion servant de preuve à ma proposition principale.

C'est à vous, lecteur, à juger si j'ai raisonné avec justesse, et si j'ai atteint le but que je me suis proposé.

NOTIONS PRÉLIMINAIRES

SUR LES LIVRES ET ÉCRITURES DE COMMERCE.

QUICONQUE entreprend un Commerce se soumet aux lois qui le régissent.

Un Commerçant tient ordinairement un *Livre primitif*, nommé vulgairement *Brouillard* ou *Main-courante*, où il inscrit ses opérations au fur et à mesure qu'elles se font, et qui sert à rédiger le Journal.

Les valeurs et les dispositions étant les seuls élémens des Comptes, au-lieu de *Brouillard*, il vaut mieux tenir plusieurs *Livres primitifs* distinguant les valeurs entrées et sorties, et les dispositions qui ont lieu.

Un Commerçant doit avoir :

Un *Livre-Journal*, présentant jour par jour toutes ses opérations;

Un *Grand-Livre*;

Un *Livre de Copies de lettres*;

Et un *Livre d'inventaires*, établissant, chaque année, le résultat de la gestion, c'est-à-dire le détail des valeurs qu'il possède, et de ses dettes actives et passives, à l'époque de chaque inventaire.

Il tient aussi des *Livres auxiliaires*, détaillant les diverses parties de quelques comptes du Grand-Livre.

Le *Livre-Journal* réunit les opérations faites jour par jour; il exprime le Compte débiteur et le Compte créancier résultant de l'opération, et la nature de l'opération; il s'établit par le dépouillement du *Brouillard* ou des *Livres primitifs*, et il se vérifie par le matériel et par la correspondance.

Le *Grand-Livre* est un extrait du *Journal*; il est divisé par Comptes, et il recueille pour chaque Compte les opérations qui lui sont propres; chaque Compte a un *Doit* et un *Avoir*; chaque enregistrement ne peut s'y faire qu'en une seule ligne; et, comme au Journal, il ne doit y avoir, ni blancs ni ratures, ni surcharges, ni interlignes.

La nomenclature des Comptes ouverts au Grand-Livre varie suivant l'occupation du Marchand, du Négociant, du Banquier, du Comptable; néanmoins, pour l'exécution de la présente méthode, et pour mieux apprécier la nature de ses opérations, il convient de classer les Comptes ouverts au Grand-Livre comme suit, savoir :

COMPTES PRINCIPAUX OUVERTS AU GRAND-LIVRE.

COMPTES DES VALEURS ET DISPOSITIONS.
- Caisse.
- Effets à recevoir.
- Effets échus et autres Titres actifs de Commerce.
- Marchandises générales.
- Meubles-Meublans, Contrats et Inscriptions de rente (5 pour cent consolidés).
- Immeubles.
- Acquits divers entrés par compte.
- Crédits reçus.
- Crédits donnés pour traites et autres dispositions nécessaires.

COMPTES COURANS ET DE GESTION.
- Compte personnel.
- Comptes des Correspondans du Commerçant.
- Comptes de divers Débiteurs.
- Compte *Recettes pour mouvemens de fonds*.
- Compte *Profits et Pertes*.
- Compte *Effets à payer*.
- Compte *Dettes passives non exigibles en capital*.

COMPTES D'ORDRE ET DE DÉTAIL relatifs aux Recettes et Dépenses des Comptes courans et de gestion.
- Recouvremens à faire pour revenus.
- Produits annuels pour l'an . . . . .
- Paiemens à faire pour Dépenses obligées.
- Dépenses de la maison, de l'an . . . . .
- Dépenses renvoyées à l'année suivante.

Ainsi qu'il est dit plus haut, au-lieu de *Brouillard*, il vaut mieux tenir des *Livres de valeurs et de dispositions*, correspondans aux Comptes des valeurs et dispositions portées au Grand-Livre.

La Balance des Comptes du *Grand-Livre* rassemble les totaux des Comptes ouverts au Grand-Livre, et établit la Situation du Commerçant sous tous les rapports : le total des débits doit toujours être égal au total des crédits, puisque pour chaque opération il y a partie double : aussi lorsqu'il n'y a point balance, c'est qu'il y a erreur, ou dans les additions, ou dans le transport du *Journal* au *Grand-Livre*.

Le livre de *Copies de Lettres* est un livre où on transcrit successivement toutes les lettres qu'on écrit ; chaque lettre transcrite a son numéro d'ordre.

Les lettres qu'un Commerçant reçoit doivent être rassemblées en un carton, puis être mises en liasse de temps à autre, par mois ou par trimestre.

On appelle *Livre auxiliaire*, un livre ouvert par Comptes, comme le Grand-Livre, et qui détaille plus particulièrement les articles portés en l'un des comptes du Grand-Livre; il s'emploie le plus souvent pour le compte des acquits divers ou pièces de dépense, pour le compte des marchandises générales, et pour les comptes de détail.

Le *Livre-Journal* et le *Livre des Inventaires* doivent être cotés, paraphés, et visés par le Maire ou par un des Juges du Tribunal de Commerce.

Enfin, l'*Actif* d'un Commerçant est la totalité de ses effets mobiliers et immobiliers et créances, comme meubles, immeubles, marchandises, argent, effets à recevoir, et soldes débiteurs des comptes courans.

Et le *Passif* comprend ses dettes et charges, comme effets à payer, dettes passives non exigibles pour rentes à servir, etc., et soldes créanciers des comptes courans.

Faire une facture, une lettre de voiture, établir un compte d'intérêts, sont choses familières au Commerçant.

Le Marchand, le Négociant, le Banquier cherche à connaître les besoins des autres; il tâche de satisfaire à leurs besoins, et tout en faisant l'avantage de l'acheteur, il retire un juste gain des marchés qu'il conclut.

Lorsqu'il y a société, les noms des associés peuvent seuls faire partie de la *Raison sociale*.

De plus, le Commerçant devant être fidèle à ses engagemens, il ne doit pas s'engager légèrement lors de ses échanges, traités, ventes et achats.

Une vente est parfaite dès qu'on est convenu de la chose et du prix, quoique la chose n'ait pas encore été livrée, ni le prix payé : les ventes se font en bloc, ou au poids, ou au compte, ou à la mesure.

La délivrance est le transport de la chose vendue en la puissance de l'acheteur : les frais de la délivrance sont à la charge du vendeur; les frais de l'enlèvement sont à la charge de l'acheteur.

Les achats et ventes se constatent par actes publics, par actes sous signature privée, par bordereau arrêté par un agent-de-change ou par un courtier, et signé des parties, par factures acceptées, par les livres des parties, ou enfin par preuve testimoniale.

Une *Lettre-de-change* est une traite faite de place en place, par laquelle un Commerçant tire sur son correspondant une somme au profit d'un tiers qui en a fourni la valeur. La propriété d'une lettre-de-change se transmet par la voie de l'endossement. Une lettre-de-change peut être tirée à vue, à un ou plusieurs jours de vue, à échéance fixe, à une ou plusieurs usances : l'usance est de trente jours; elle peut être présentée à l'acceptation avant l'échéance.

Le *Billet à ordre* doit être daté, et doit énoncer la somme à payer, l'ordre, l'époque du paiement, et la valeur reçue.

Une *Facture* est un mémoire ou compte des marchandises vendues ou expédiées par le Commerçant à son commettant ou correspondant; elle énonce la date des livraisons ou expéditions, le nom des personnes qui les font, et de celui à qui les marchandises sont vendues ou les envois sont faits, les marques des balots, caisses, etc., les espèces, quantité, qualité, poids ou mesures des marchandises, et leur prix, ainsi que les droits et autres frais.

Une *Lettre de voiture* est une lettre faite par l'expéditeur ou commissionnaire des marchandises expédiées, et remise au voiturier, constatant les marques, la nature et le poids des objets à transporter, les noms et domiciles du voiturier et du commissionnaire par qui le transport a lieu, le délai dans lequel le transport doit être effectué, l'indemnité due pour cause de retard, le prix de la voiture, et les remboursemens à faire pour timbre et autres droits.

Pour toutes ces choses, ainsi que pour les comptes d'intérêts, voyez les modèles donnés à la fin de ce petit ouvrage.

Quant aux bases d'après lesquelles doivent être établis les comptes d'intérêts, la meilleure méthode de calculer ces intérêts est de poser d'abord en l'extrait de compte toutes les sommes en capital, tant au *débit* qu'au *crédit* du compte, puis la valeur de chaque somme, c'est-à-dire le jour à compter duquel le capital porte intérêt, et de déterminer après le nombre de jours écoulés entre le jour de la valeur et le jour où le compte est arrêté.

Il faut ensuite multiplier chaque capital par le nombre de jours déterminé, soit au débit, soit au crédit ; faire le total des nombres, et en établir la balance.

La balance des nombres, multipliée par le *taux de l'intérêt*, donne un produit qui, divisé par 36,500 *, donne pour quotient les intérêts résultant du compte courant.

(Il est observé que lorsque la *valeur* d'un capital est postérieure au *jour* auquel la valeur du C/ est fixée, alors le nombre produit par la multiplication qui a lieu, s'écrit en *encre rouge*, afin de n'être point compris dans l'addition des nombres où il se trouve porté, mais pour pouvoir être ajouté ensuite à l'addition des nombres opposés comme contre-valeur, et produisant un intérêt en sens inverse des nombres où ce nombre à l'encre rouge est porté.)

Le *Rechange* se justifie par un Compte de retour, et s'effectue par une *Retraite :* le *Compte de retour* doit énoncer le principal de la Lettre-de-change, les frais de protêt, enregistrement, timbre, commission, perte à la retraite, courtage et ports de lettres à répéter ; il doit être certifié ou par un agent-de-change, ou par deux commerçans, et être accompagné de la lettre-de-change et de l'acte de protêt.

---

* Cent fois le nombre de jours de l'année font 36,500.

PRINCIPES GÉNÉRAUX
POUR LA TENUE DES ÉCRITURES EN PARTIE DOUBLE.

Chaque fait a deux agens :

Il met deux intérêts en opposition, d'où il suit que ce qui *engage* l'un *dégage* l'autre :

Décrire *chaque fait* sous ces deux rapports, c'est *passer écritures en partie double*.

Toutes les fois qu'il y a échange, vente ou achat au comptant, tout ce qui *entre* doit à ce qui *sort*.

En général, celui qui doit, reçoit, ou a reçu, est *débiteur*. Celui à qui il est dû, qui paie ou a payé, est *créancier*.

Un Compte courant ou de gestion ne peut être débité ou crédité que par le débit ou le crédit d'un des Comptes des valeurs et dispositions.

Le matériel est la preuve des écritures.

RÈGLES PARTICULIÈRES AUX LIVRES DES VALEURS ET DISPOSITIONS.

Livre de Caisse.

Au *débit* de ce Livre, chaque article, outre la date du jour où l'opération est faite, doit énoncer le nom de la partie versante, le motif du versement et la somme versée.

Au *crédit*, chaque article doit énoncer le nom de la partie prenante, le motif du paiement et la somme payée.

Livre des Effets à recevoir.

Au *débit* de ce Livre, chaque article doit dire la cause de l'entrée des effets, le nom du tireur ou souscripteur de chaque effet, le nom du tiré ou de celui qui doit l'acquitter, le lieu où l'effet est payable, l'échéance, et la somme de l'effet en porte-feuille ;

Au *crédit*, chaque article doit dire la cause de la sortie des effets, et donner les mêmes détails à la *sortie* pour chaque effet que ceux donnés à l'*entrée*.

Livre des Effets échus et autres Titres actifs de Commerce.

Au *débit* de ce Livre chaque article doit énoncer clairement le titre en porte-feuille et la somme à réaliser, et au *crédit* chaque article doit énoncer le compte débité, le motif de la sortie, et le montant de la dette éteinte ou convertie.

Livre des Marchandises générales.

Au *débit* de ce Livre, chaque article doit énoncer la cause de l'entrée des marchandises, la nature des marchandises, la quantité ou le compte, ou le poids, ou la mesure des marchandises, la quotité du prix par bloc, poids, compte ou mesure, et le prix total de la quantité entrée suivant facture, tous frais compris.

Au *crédit*, chaque article doit dire la cause de la sortie des marchandises, donner les mêmes détails à la sortie que ceux donnés pour l'entrée, et exprimer le prix des marchandises à la sortie suivant la vente.

Livre des Meubles-Meublans, Contrats et Inscriptions de rentes, 5 p. o/o consolidés.

Au débit de ce compte, chaque article doit énoncer la nature des meubles, obligations ou contrats que l'on possède, et à quel titre ils appartiennent au compte personnel.

Au crédit, chaque article doit énoncer les meubles ou effets perdus, vendus, détériorés ou donnés, et au débit de quel compte le don, la perte ou la vente doit être portée.

Livre des Immeubles.

Au débit de ce Livre, chaque article doit énoncer le lieu où l'immeuble est situé, le titre, l'origine, la nature et la valeur reconnue de l'immeuble.

Au crédit, chaque article doit énoncer la cause de la vente, de l'échange ou de la perte de l'immeuble, l'acte qui en transmet la propriété à un autre, et la valeur de l'immeuble à la sortie.

Livre des Acquits divers entrés par Compte.

Au débit de ce livre chaque article doit énoncer par quel compte entre cet acquit, la nature de l'acquit et à la charge de quel compte est cet acquit, puis le montant de l'acquit entré.

Au crédit, chaque article doit énoncer au débit de quel compte l'acquit doit être, la nature et le montant de l'acquit. *Ce compte doit toujours être balancé.*

Livre des Crédits reçus.

Au débit de ce Livre, chaque article doit énoncer le compte pour lequel le crédit est reçu, la date, le motif et la valeur du crédit reçu, et le montant du crédit reçu.

Au crédit, chaque article doit énoncer le compte débiteur du crédit reçu, le motif, la valeur et le montant du crédit. *Ce compte doit toujours être balancé.*

Livre des Crédits donnés par traites et autres dispositions nécessaires.

Au débit de ce Livre, chaque article doit énoncer le compte à qui le crédit est donné, la date, le motif, la valeur et le montant du crédit donné.

Au crédit, chaque article doit énoncer le compte débiteur pour cause de la traite ou disposition faite; et en outre, si c'est pour traite délivrée, la date, le numéro, l'ordre, l'échéance et le montant du mandat; si c'est pour crédit à donner, le motif, la valeur et le montant du crédit à donner (une lettre de crédit n'est point un crédit donné, mais une autorisation de payer sans limite, ou jusqu'à concurrence de.....). *Ce compte, comme les deux autres, doit toujours être balancé.*

RÈGLES PARTICULIÈRES AU JOURNAL ET AU GRAND-LIVRE.

Pour la tenue des écritures du journal et du grand-livre, voyez ce qui est dit aux notions préliminaires, ainsi que les exemples donnés ensuite de l'application des principes et règles.

Il suffit ici d'ajouter 1.° que le débit d'un compte courant ou de gestion se compose en général d'envois ou de remises, d'acquits, de dispositions ou de dettes à sa charge, et que le crédit se compose de Recettes et d'envois, de remises ou de dispositions à son profit.

2.° Qu'une contre-partie est un transport d'une des parties d'un compte ouvert au Grand-Livre, ou une annulation d'un article d'un compte. Il faut donc faire ressortir la contre-partie au grand-livre à côté de la somme qui l'opère, afin de pouvoir, pour avoir le net d'un compte, déduire le total des contre-parties d'un compte du total du débit et du total du crédit de ce compte.

RÈGLES DIVERSES.

Les soldes matériels doivent toujours être d'accord avec les soldes des livres.

Toutes les fois qu'un compte de valeurs est débité par le crédit d'un compte de valeurs, il y a *conversion de valeurs*, et il faut contre-partie au compte crédité.

Lorsque, *contre espèces*, on délivre une traite ou un mandat sur un correspondant, il y a *mouvement de fonds* ; il faut donc en porter la valeur au débit du compte *Caisse* et au crédit du compte *Recettes pour mouvemens de fonds*, lequel est ensuite débité, pour la traite délivrée, par le crédit du compte *Crédits donnés pour traites et autres dispositions nécessaires*, ce dernier compte devant donner crédit par son débit au correspondant sur lequel la traite est délivrée.

Lorsque, *contre espèces*, on délivre un bon ou un billet à ordre, le compte *Caisse* est alors débité par le crédit des *Effets à payer*.

Lorsqu'il y a *compensation*, les écritures doivent toujours être passées d'après les pièces, c'est-à-dire conformément aux acquits entrés et aux crédits donnés par suite de la compensation qui a lieu.

Les dettes actives se distinguent toujours en dettes réalisables, dettes incertaines, dettes mauvaises. Ces dernières doivent être à la charge du compte *Personnel* et transportées chaque année au débit du compte *Profits et Pertes*.

L'extrait d'un compte débiteur est un titre actif de commerce.

L'extrait d'un compte créancier constate une dette passive.

APPLICATION DES PRINCIPES ET RÈGLES.

INDICATIONS DIVERSES.

Je fais mon inventaire ou bilan au 31 décembre 1817, et je l'établis succinctement ainsi qu'il suit, savoir :

Caisse.   *Valeurs et Dettes actives.*   fr.   c.

Numéraire : or et argent, suivant le Bordereau ci-joint.. **25,000 «**

Effets à recevoir, en porte-feuille.

Billet à ordre de Alexandre de Rouen, O/ Edouard, à moi endossé par M. Etienne du Havre, numéroté 547, payable le 20 janvier 1818, de............... *f.* 11,600 « } **35,000 «**
Traite de Adrien de Marseille sur Simeon de Paris, à mon ordre, n.^{tée} 801, payable le 31 janvier 1818, de............... *f.* 23,400 «

Effet échu le 30 janv. 1817, et protesté, de Léon de Dieppe, montant avec les frais à *f.* 700 «
Solde débiteur du compte courant de M. Henri de Lyon, suivant l'extrait de compte ci-joint, au 31 décembre 1817........................ *f.* 96,300 « } **197,600 «**
Solde débiteur du compte courant de M. Martin de Rouen, suivant l'extrait de compte ci-joint, au 31 décembre 1817..................... *f.* 100,600 «

Marchandises en magasin, suivant état détaillé ci-joint et transcrit au livre des inventaires, évaluées, d'après factures, à.. *f.* **87,200 «**

Meubles meublans, évalués, suivant état ci-joint, à................. *f.* 17,000 «
Contrat de rente viagère de *f.* 900, à mon profit, due par Guillaume de Blois, suivant acte passé devant Michel, notaire à Blois, le 1.er janvier 1800, évalué en capital seulement pour.......................... *f.* 9,000 « } **55,000 «**
Contrat de rente perpétuelle de *f.* 600, constituée à mon profit par Jérôme d'Auteuil, par acte passé devant Denis, notaire à Auteuil, le 15 mars 1799, évalué en capital seulement pour.......................... *f.* 10,000 «
Inscription de 1,200 f. de rente, 5 p. o/o consol., évaluée au cours de ce jour à *f.* 19,000 «

Maison sise à Paris, à moi appartenant, suivant acte passé devant Bergier, notaire à Villeneuve, moyennant.......................... *f.* 28,000 « } **78,000 «**
Maison sise à Lyon, à moi échue en partage dans la succession de mon père, pour *f.* 50,000 «

TOTAL des valeurs et dettes actives, à l'époque du 31 décembre 1817. *f.* **477,800 «**

Dettes passives.

         fr.   c.

Effets à payer au 31 décembre 1817, suivant état détaillé ci-joint...................... *f.* 13,000 «
Contrat de rente viagère à ma charge, et par moi constituée au profit de dame Angélique, par acte sous seing-privé en date du 16 août 1807, de *f.* 500, et évalué en capital à..... *f.* 42,000 «

Solde créancier du compte courant de M. Victor de Bordeaux, suivant l'extrait de compte ci-joint, au 31 décembre 1817.......................... *f.* 70,500 « } **150,000 «**
Solde créancier du compte courant de M. Paulin de Marseille, suivant l'extrait de compte ci-joint, au 31 décembre 1817.......................... *f.* 79,500 «

TOTAL de mon passif à l'époque du 31 décembre 1817.. *f.* **205,000 «**

RÉSULTAT.

         fr.   c.

Les Valeurs et Dettes actives s'élèvent à... *f.* 477,800 «
Les Dettes passives sont de... *f.* 205,000 «

Partant mon avoir net s'élève à.. *f.* **272,800 «**

Somme égale au solde créancier de mon compte personnel, au 31 décembre 1817.

NOTA. Lorsqu'au 31 décembre 1817 je fais l'état détaillé de mes marchandises générales et de leur prix réel, suivant factures, si je trouve qu'à cause des bénéfices faits à la vente, le total des prix des marchandises sur cet état excède le solde débiteur du livre des marchandises générales, je fais entrer cet excédant à mon profit au débit du Compte *Marchandises générales*; de plus, je dois faire balancer le Compte *Profits et Pertes* au 31 décembre 1817, par le débit ou le crédit de mon *Compte personnel*, suivant que le Compte *Profits et Pertes* est alors trouvé débiteur ou créancier.

Pour commencer donc ma gestion annuelle, d'après cet inventaire et d'après mes écritures de l'année écoulée, tant pour mes valeurs, dettes actives et passives que pour les soldes débiteurs et créanciers des comptes d'ordre et de détail, je dois passer écritures, comme il sera dit au journal donné pour exemple de gestion, à l'appui de l'équation triple en partie double produite par la présente méthode.

Autres Indications.

1.° J'achète diverses marchandises et j'en fais mon billet payable à six mois.

Je débite le C/ *Marchandises générales*, et crédite le C/ *Effets à payer*.

2.° J'achète comptant des marchandises.

Je débite le C/ *Marchandises générales* et crédite le C/ *Caisse*. (Il y a conversion de valeurs.)

3.° J'achète comptant un effet sur Paris.

Je débite le C/ *Effets sur Paris*, et crédite le C/ *Caisse* du montant de l'Effet. (Il y a conversion de valeurs.)

Je débite le C/ *Caisse* du montant de l'escompte, et crédite le C/ *Profits et Pertes*.

4.° J'ai vendu comptant aujourd'hui des marchandises.

Je débite le C/ *Caisse* et crédite le C/ *Marchandises générales*.

5.° J'ai vendu à crédit à M. Bonnet, propriétaire, diverses marchandises.

Je débite le C/ *divers Débiteurs* et crédite le C/ *Marchandises générales*.

6.° Je reçois en espèces de M. Henry de Lyon, pour son compte, la somme de. . . . .

Je débite le C/ *Caisse*, et je crédite le C/ courant de M. Henry de Lyon.

7.° Je reçois de M. Victor de Bordeaux, pour son compte, dix effets sur Paris et autres lieux, montant ensemble à. . . . .

Je débite le C/ *Effets à recevoir*, et crédite le C/ courant de M. Victor de Bordeaux.

8.° Je reçois de M. Paulin de Marseille, avis de créditer chez moi M. Henry de Lyon.

Je débite *Crédits reçus*, et je crédite M. Henry de Lyon.

Je débite M. Paulin de Marseille, et crédite le C/ *Crédits reçus*.

9.° Je reçois de M. Martin de Rouen, un ballot de marchandises dont j'ai reçu facture.

Je débite le C/ *Marchandises générales*, et crédite le C/ de M. Martin de Rouen, suivant la facture reçue.

10.° Je paye la Lettre-de-voiture et autres frais pour ces marchandises.

Notant ces frais en marge de la facture, j'en débite le C/ *Marchandises générales*, et j'en crédite le C/ *Caisse*.

11.° Je fais protester un effet faute de paiement.

Je débite le C/ *Effets échus et autres titres actifs de commerce*, et crédite le C/ *Effets à recevoir*.

12.° Je paye les frais de protêt, amende et enregistrement.

Je débite le C/ *Effets échus et autres titres actifs de commerce*, et crédite le C/ *Caisse*.

13.° Je négocie à perte et contre espèces un effet sur Dieppe.

Je crédite le C/ *Effets à recevoir*, et je débite le C/ *Caisse* du montant de l'Effet.

Je débite le C/ *Profits et Pertes* de la perte à la négociation, et en crédite le C/ *Caisse*.

14.° Je reçois des espèces contre mon mandat, sur M. Henri de Lyon, mon correspondant.

Je débite le C/ *Caisse*, et je crédite le C/ *Recettes pour mouvemens de fonds*.

Je débite le C/ *Recettes pour mouvemens de fonds*, et crédite le C/ *Crédits donnés pour traites et autres dispositions*, pour mon mandat délivré.

Je débite le C/ *Crédits donnés pour traites et autres dispositions*, et crédite le C/ de M. Henry de Lyon, S/C courant pour l'avis du crédit que je lui donne.

15.° Je reçois des espèces contre mon billet payable à six mois.

Je débite le C/ *Caisse*, et crédite le C/ *Effets à payer* du montant de l'Effet.

Je crédite le C/ *Caisse* de l'agio payé, et débite le C/ *Profits et Pertes*.

16.° J'achète comptant un contrat de rente perpétuelle.

Je débite le C/ *Meubles-Meublans, Contrats, Inscriptions de rentes*, et je crédite le C/ *Caisse*.

17.° Je reçois crédit, valeur au . . . de M. Henri de Lyon, pour

mandat sur moi, O/ de. . . . . payable le. . . . . .

mandat sur moi, O/ de. . . . . payable le. . . . . . .

Je débite le C/ *Crédits reçus*, et crédite le C/ *Effets à payer* pour les mandats avisés.

Je débite le C/ de M. Henri de Lyon, et crédite le C/ *Crédits reçus*.

18.° Je reçois de M. Paulin de Marseille un mandat sur moi, émis par M. Henri de Lyon, et acquitté.

Je débite le C/ *Acquits divers entrés par C/*, et crédite le C/ de M. Paulin de Marseille.

Je débite le C/ *Effets à payer*, et crédite le C/ *Acquits divers entrés par C/*.

19.° Je constitue une rente viagère moyennant une somme reçue.

Je débite le C/ *Caisse* pour le principal reçu, et crédite le C/ *Dettes passives non exigibles en capital*.

20.° Je paye un mandat sur moi.

Je débite le C/ *Effets à payer*, et je crédite le C/ *Caisse*.

21.° Je paye diverses dépenses domestiques.

Je débite le C/ *Personnel*, et crédite le C/ *Caisse*.

22.° Je reçois de M. Paulin de Marseille, un acquit à ma charge personnelle, pour réparations faites à ma maison.

Je débite le C/ *Acquits divers entrés par C/*, et je crédite le C/ de M. Paulin.

Et je débite mon C/ *Personnel*, et en crédite le C/ *Acquits divers entrés par C/*.

23.° Je remets à M. Martin de Rouen, deux effets sur Rouen.

Je débite M. Martin de Rouen, du montant de ces effets, et crédite le C/ *Effets à recevoir*.

24.° Je reçois de M. Henry de Lyon, avis de crédit pour loyers de ma maison par lui touchés pour M/C.

Je débite le C/ *Crédits reçus*, et crédite mon C/ *Personnel*.

Je débite le C/ de M. Henry de Lyon, et crédite le C/ *Crédits reçus*.

25.° Pour ordre, et par suite des articles 18 et 20.

Je débite pour le paiement des réparations le C/ *Dépenses annuelles de ma maison*, et crédite le C/ *Paiemens à faire* pour dépenses présumées du montant de ces réparations.

Je débite pour le recouvrement de loyers le C/ *Produits annuels*, et crédit, le C/ *Recouvremens à faire pour Revenus*, du montant des loyers perçus.

26.° J'établis le C/ d'intérêts de M. Victor de Bordeaux, à l'époque choisie pour la valeur du C/ arrêté.

Suivant l'extrait de C/, les intérêts étant en ma faveur, je débite le C/ *Effets échus et autres titres actifs de commerce*, et j'en crédite le C/ *Profits et Pertes*.

Je débite M. Victor de Bordeaux, et crédite les C/ *Effets échus et autres titres actifs de commerce*.

27.° J'établis le C/ d'intérêts de M. Henry de Lyon, à l'époque choisie pour la valeur du C/ arrêté.

Suivant l'extrait de C/, les intérêts étant en sa faveur, je débite le C/ *Crédits donnés pour traites et autres dispositions*, et je crédite le C/ de M. Henry de Lyon.

Je débite le C/ *Profits et Pertes*, et crédite le C/ *Crédits donnés pour traites et autres dispositions*.

28.° Je transporte à C/ nouveau le Solde d'un C/ débiteur arrêté.

Je débite le C/ *Effets échus et autres titres actifs de commerce*, et crédite ce C/ débiteur du solde débiteur à recouvrer, suivant l'extrait du C/ arrêté.

Je débite le C/ débiteur, C/ *Courant à nouveau*, et crédite le C/ *Effets échus et autres titres actifs de commune* pour le solde ancien.

29.° Je transporte à C/ nouveau le Solde d'un C/ créancier arrêté.

Je débite le C/ *Crédits donnés pour traites et autres dispositions*, et crédite le C/ courant nouveau du solde ancien dont je donne crédit.

Je débite le C/ créancier ancien, et crédite le C/ *Crédits donnés pour traites et autres dispositions*, pour le solde dont je dois crédit à C/ nouveau.

30.° Je mets en porte-feuille ma traite à mon ordre sur M. Victor de Bordeaux.

Je débite le C/ *Effets à recevoir*, et crédite le C/ *Recettes pour mouvemens de fonds*.

Je débite pour ma traite le C/ *Recettes pour mouvemens de fonds*, et crédite le C/ *Crédits donnés pour traites et autres dispositions nécessaires*.

Je débite le C/ *Crédits donnés pour traites et autres dispositions*, et je crédite M. Victor de Bordeaux.

31.° Je mets en mon porte-feuille mon billet à mon ordre, payable à trois mois.

Je débite le C/ *Effets à recevoir*, et crédite le C/ *Effets à payer*.

52.° Je délivre et envoie à M. Victor de Bordeaux, sur sa demande, ma traite à son O/ sur M. Henry de Lyon.

Je débite M. Victor de Bordeaux, et crédite le C/ *Crédits donnés pour traites et autres dispositions.*

Je débite le C/ *Crédits donnés pour traites et autres dispositions,* et crédite le C/ de M. Henry de Lyon.

55.° Je rembourse ma traite sur M. Henri de Lyon, et j'annulle le crédit que je lui ai donné.

Je débite M. Henry de Lyon, et crédite le C/ *Crédits donnés pour traites et autres dispositions,* pour annuler le crédit donné.

Je débite le C/ *Crédits donnés pour traites et autres dispositions,* et crédite le C/ *Recettes pour mouvement de fonds,* pour l'annulation de ma traite.

Je débite le C/ *Recettes pour mouvemens de fonds,* et crédite le C/ *Caisse,* pour le remboursement que je fais de ma traite.

(Pour annulations de dispositions faites, il faut toujours contre-partie aux C/ débités et crédités.)

Telle est la méthode qui produit l'axiôme établi ci-après sous la figure d'une équation que j'avance comme proposition incontestable, et qui produit une Balance des Comptes susceptible d'analyse dans toutes ses parties.

ÉQUATION TRIPLE EN PARTIE DOUBLE.

Le Total des Valeurs entrées, et des Crédits reçus et donnés pour Traites et Dispositions,
est égal au Total des Crédits des Comptes courans et de Gestion,
et est encore égal au Total des Débits de ces Comptes, augmentés des Valeurs dont on est en possession.

Nota. Lorsqu'il y a conversion de Valeurs, il faut contre-partie au Compte crédité.

Preuve de la proposition ci-dessus ou exemple succinct de Gestion.

LIVRE-JOURNAL.

F.os des Comptes du Grand-Livre.	N.os d'ordre.		
		Du 1.er janvier 1818.	
2	1	*Les suivans doivent à* Compte personnel, *f.* 477,800.	
		Pour les valeurs et dettes actives au 31 décembre 1817, détaillées en mon inventaire de ce jour.	
1		Caisse, *f.* 25,000.	
		Pour le numéraire en caisse au 31 décembre 1817 . . . . *f.* 25,000	»
1		Effets à recevoir, *f.* 35,000.	
		Pour les effets en porte-feuille au 31 décembre 1817, détaillés au livre de ces effets, f. 35,000	»
1		Effets échus et autres Titres actifs de Commerce, *f.* 197,600.	
		Pour l'effet en souffrance en porte-feuille au 31 décembre dernier . . . . . . *f.* 700	
		Pour les soldes débiteurs des comptes courans arrêtés au 31 décemb. dernier, et dont les extraits comme titres actifs ont été portés ledit jour au livre de ces valeurs, et mis en porte-feuille . . . . *f.* 196,900	
		f. 197,600	»
1		Marchandises générales, *f.* 87,200.	
		Pour les marchandises en magasin au 31 décembre dernier, détaillées au livre des inventaires et au livre des marchandises . . . . *f.* 87,200	»
1		Meubles, Contrats et Inscript. de rentes, 5 p. o/o consol., *f.* 55,000.	
		Pour les meubles-meublans que je possède au 31 décembre 1818, et détaillés au livre de ces valeurs . . . . *f.* 15,000	
		Pour les contrats que je possède audit jour, et détaillés au livre de ces valeurs . . . . *f.* 40,000	
		f. 55,000	»
1		Immeubles, *f.* 78,000.	
		Pour les immeubles que je possède au 31 décembre 1817, à Paris et à Lyon, et indiqués au livre de ces valeurs . . . . *f.* 78,000	»
			477,800 »

<table>
<tr><td colspan="2" style="text-align:center">Du 1.er janvier 1818.</td></tr>
</table>

F.os des Comptes du Grand-Livre	N.os d'ordre	

Du 1.er janvier 1818.

1 — 1 | 2

Les suivans doivent à Effets échus et autres Titres actifs de Comm., ƒ. 196,900.

Pour les extraits de comptes envoyés ce jour à mes correspondans, lesquels constatent les soldes débiteurs portés le 31 décembre 1817, comme valeurs à réaliser au compte Effets échus et autres Titres actifs de commerce, et remis aujourd'hui en compte courant, à cause de la continuation de ma gestion, savoir :

2

M. Henry de Lyon ; S/C courant, ƒ. 96,300.

Pour le solde débiteur de son compte au 31 décembre 1817, suivant mes écritures de l'année dernière, et l'extrait de compte à lui envoyé ce jour .... ƒ. 96,300 »

2

M. Martin de Rouen ; S/C courant, ƒ. 100,600.

Pour le solde débiteur de son compte au 31 décembre 1817, suivant mes écritures de l'année dernière, et l'extrait de compte à lui envoyé ce jour .... ƒ. 100,600 »

196,900 »

Dudit.

2 — 1 | 3

C/ personnel *doit à* Crédits donnés p.^r *Traites et autres Disp.^{ns} néc.^{res},* ƒ. 205,000.

Pour les dettes passives au 31 décembre 1817, détaillées en mon inventaire de ce jour, et dont je dois donner crédit aux comptes courans et de gestion, créanciers audit jour 31 décembre 1817, et désignés en l'article ci-après .... 205,000 »

Dudit.

1 | 4

Crédits donnés p.^r *Traites et autres Disp.^{ns} nécess.^{res}, doivent aux suiv.* ƒ. 205,000.

Pour le crédit que je donne d'après mes écritures de l'année dernière, et conformément à mon inventaire, aux comptes courans créanciers au 31 décembre 1817, désignés ci-après, savoir :

2

A Effets à payer, ƒ. 13,000.

Pour les mandats sur moi restant à payer au 31 décembre 1817, et détaillés au livre de ces effets .... ƒ. 13,000 »

2

A Dettes passives *non exigibles en capital,* ƒ. 42,000.

Pour mes dettes de cette nature au 31 décembre 1817, détaillées en mon inventaire, ƒ. 42,000 »

2

A M. Victor de Bordeaux ; S/C courant, ƒ. 70,000.

Pour le solde créancier de son compte au 31 décembre 1817, suivant mes écritures de l'année dernière, et l'extrait de ce compte à lui envoyé ce jour .... ƒ. 70,500 »

2

A Paulin de Marseille ; S/C courant, ƒ. 79,500.

Pour le solde créancier de son compte au 31 décembre 1817, suivant mes écritures de l'année dernière, et l'extrait de compte à lui envoyé ce jour .... ƒ. 79,500 »

205,000 »

F.^{os} des Comptes du Grand-Livre.	N.^{os} d'ordre.	

——————— Du 1.er janvier. ———————

5 — Les Suivans *doivent* aux Suivans, *f.* 7,900.

Pour les soldes des comptes d'ordre et de détail au 31 décembre 1817, déterminant les restes à recouvrer et les restes à payer d'après mes apperçus et mes recettes et dépenses personnelles effectuées au 31 décembre 1817, savoir :

(3) **Recouvremens à faire *pour* Revenus 1817, *f.* 4,700.**

Pour ce qui reste à recouvrer sur mes revenus de 1817 au 31 décembre 1817.....f. 4,700 »

(3) **Paiemens à faire *pour* Dépenses obligées de 1817, *f.* 3,200.**

Pour ce qui reste à payer sur les dépenses de ma maison de 1817, au 31 déc. 1817, f. 3,200 »

— 7,900 »

(3) **à Produits annuels *de l'an* 1817, *f.* 4,700.**

Pour ce qui reste à recouvrer sur mes revenus de 1817, détaillés au livre auxiliaire de ce compte au 31 décembre 1817.................f. 4,700 »

(3) **A Dépenses de ma Maison *de l'an* 1817, *f.* 3,200.**

Pour ce qui reste à payer sur les dépenses de ma maison de 1817, détaillées au livre auxiliaire de ce compte, au 31 décembre 1817.................f. 3,200 »

7,900 »

——————— Dudit. ———————

(3/3) **6 — Recouv.^{nt} à faire *pour* Revenus de 1818, *doivent à* Prod.^{ts} ann.^{ls} de 1818, *f.* 15,600.**

Pour les produits présumés suivant mon apperçu basé sur mon avoir et les produits annuels de mon état... 15,600 »

——————— Dudit. ———————

(3) **7 — Paiemens à faire *pour* Dépenses obligées de 1818 *doivent aux suivans, f.* 14,800.**

Pour les dépenses présumées suivant mon apperçu basé sur mes charges, sur les réparations annuelles que nécessitent mes propriétés, et d'après les devis arrêtés et marchés conclus ce jour, savoir :

(3) **A Dépenses de ma maison *pour l'an* 1818, *f.* 8,200.**

Pour la dépense personnelle de ma maison pour l'an 1818......................f. 8,200 »

(3) **A Dépenses renvoyées *à l'an* 1819, *f.* 6,600.**

Pour la dépense restant à faire en 1819, pour l'exécution du devis arrêté ce jour avec M. Jérome, architecte, pour construction d'un corps-de-bâtiment ajouté à mon immeuble, situé à...f. 6,600 »

——————— Dudit. ——————— 14,800 »

(1/2) **8 — Marchandises générales *doivent à* Effets à payer, *f.* 3,000.**

Pour 1,000 kilogrammes de sucre, achetés à raison de 300 francs le quintal métrique, contre mon billet Ol de M. Augustin, payable à six mois de date........................ 3,000 »

— Du 1.er janvier 1818. —

Fos des Comptes du Grand-Livre — **N.^{os} d'ordre**

Fo	N°		
1/1	9	Marchandises générales *doivent à* Caisse, *f.* 1,005.	
		Pour acheté comptant 500 kilogrammes cassonade, f. 100 les 50 kilogrammes.. f. 1,000 »	
		Pour payé pour frais de transport en magasin (conversion de valeurs)........ f. 5 »	1,005 »

— *Dudit.* —

Fo	N°		
1/1	10	Effets à recevoir *doivent à* Caisse, *f.* 1,000	
		Pour l'effet sur Paris, acheté comptant de M. ce jour (conversion de valeurs).....	1,000 »

— *Dudit.* —

Fo	N°		
1/2	11	Caisse *doit à* Profits et Pertes, *f.* 20.	
		Pour l'escompte de l'effet acheté aujourd'hui, reçu de M.................	20 »

— *Du 3 dudit.* —

Fo	N°		
1/1	12	Caisse *doit à* Marchandises générales, *f.* 3,000	
		Pour les marchandises vendues comptant dans le jour (conversion de valeurs).............	3,000 »

— *Dudit.* —

Fo	N°		
2/1	13	Compte de divers débiteurs *doit à* Marchandises générales, *f.* 100.	
		Pour marchandises diverses, vendues à crédit et délivrées aujourd'hui à M. Bonnet.........	100 »

— *Du 4 dudit.* —

Fo	N°		
1/2	14	Caisse *doit à* M. Henry de Lyon; S/C courant, *f.* 7,000.	
		Pour son envoi d'espèces, du 1.er courant, reçu ce jour, dont crédit valeur au 1.er courant...	7,000 »

— *Dudit.* —

Fo	N°		
1/2	15	Effets à recevoir *doivent à* M. Victor de Bordeaux; S/C courant, *f.* 15,000.	
		Pour les effets qu'il me remet avec sa lettre du 2 courant dont crédit valeur aux échéances....	15,000 »

— *Dudit.* —

Fo	N°		
1/2	16	Crédits reçus *doivent à* M. Henry de Lyon, S/C courant, *f.* 2,000.	
		Pour le crédit du dernier, valeur au 11 janvier courant, demandé par M. Paulin de Marseille.	2,000 »

— *Dudit.* —

Fo	N°		
2/1	17	M. Paulin de Marseille; S/C courant *doit à* Crédits reçus, *f.* 2000.	
		Pour le crédit qu'il me donne valeur 11 courant, pour le compte de M. Henry de Lyon, suivant son avis du 31 décembre dernier.............	2,000 »

— *Du 5 dudit.* —

Fo	N°		
1/2	18	Marchandises générales *doivent à* M. Martin de Rouen; S/C courant, *f.* 4,500.	
		Pour les marchandises reçues de lui, et montant suivant sa facture transcrite au Livre des Marchandises, à.........	4,500 »

— *Dudit.* —

Fo	N°		
1/1	19	Marchandises générales *doivent à* Caisse, *f.* 25.	
		Pour frais de voiture et remboursemens acquittés à la réception des marchandises ci-dessus, ci.............(conversion de valeurs)....	25 »

F.os des Comptes du Grand-Livre.	N.os d'ordre.			

Du 5 janvier.

1	20	**Effets échus et autres Titres actifs de Comm.** *doivent aux suivans*, *f.* 1,055.		
		Pour l'effet échu et protesté ce jour, savoir :		
1		A **Effets à recevoir**, *f.* 1,000.		
		Pour l'effet échu hier et protesté ce jour, transporté au débit du 1.er compte f...	1,000	»
1		A **Caisse**, *f.* 55.		
		Pour les frais de protêt, amende et enregistrement de l'effet ci-dessus ci.................................(conversion de valeurs)............	55 »	1,055 »

Dudit.

1	21	**Caisse** *doit à* **Effets à recevoir**, *f.* 500.		
1		*Pour l'effet sur Dieppe, négocié ce jour contre espèces (conversion de valeurs)............*	500	»

Dudit.

2	22	**Profits et Pertes** *doivent à* **Caisse**, *f.* 10.		
1		*Pour perte à la négociation de l'effet ci-dessus acquitté............................*	10	»

Du 6 dudit.

1	23	**Caisse** *doit à* **Recettes pour mouvemens de fonds**, *f.* 3,000.		
2		*Pour les espèces qui me sont versées par M. Bonaventure, pour avoir mandat sur Lyon....*	3,000	»

Dudit.

2	24	**Recettes p.^r mouv.^t de fonds** *doiv.^t à* **Crédits donnés p.^r traites et autres disp.^{ns}** *f.* 3,000.		
1		*Pour le mandat que je délivre sur M. Henry de Lyon, O/ Bonaventure et payable le 1.er février p.*	3,000	»

Dudit.

1	25	**Crédits donnés p.^r t.^{tes} et autres disp. néc.** *doivent à* **M. Henri de Lyon S/C cour.^t** *f.* 3,000.		
2		*Pour le crédit que je lui donne valeur au 15 janvier courant, pour mon mandat sur lui désigné ci-dessus...............................*	3,000	»

Du 7 dudit.

1	26	**Caisse** *doit à* **Effets à payer**, *f.* 1,500		
2		*Pour espèces reçues contre mon bon, O/ de M. Louis, payable à six mois de date.........*	1,500	»

Dudit.

2	27	**Profits et Pertes** *doivent à* **Caisse**, *f.* 37 50.		
1		*Pour les intérêts payés d'avance sur mon bon, délivré ce jour........................*	37	50

Dudit.

1	28	**Meubles-Meublans, contrats et inscriptions de rentes** *doivent à* **Caisse**, *f.* 6,000.		
1		*Pour le contrat de rente perpétuelle, de f. 400, que j'achète aujourd'hui de M. Prosper, au principal de 8,000, hypothéqué sur une maison sise à Clermont (conversion de valeurs)...*	6,000	»

Du 8 dudit.

1	29	**Crédits reçus** *doivent à* **Effets à payer**, *f.* 2,500.		
2		*Pour mandat sur moi O/ de Alexis, payable le 1er mars p. tiré par M. Henri. f.*	1,000 »	
		Pour...... idem ...... O/ de Calixte, payable le 20 février pour tiré par le même. f.	1,500 »	2,500 »

Dudit.

2	30	**M. Henry de Lyon, S/C courant** *doit à* **Crédits reçus**, *f.* 2,500.		
1		*Pour le crédit qu'il me donne valeur au 30 janvier courant, pour ses mandats sur moi, suivant son avis du 1.er du courant................................*	2,500	»

F.os des Comptes du Grand-Livre.	N.os d'ordre.		
		Du 9 janvier.	
1 / 2	31	Acquits divers entrés par C/ *doivent à* M. Paulin de Marseille, S/C courant, *f.* 1,000.	
		Pour le mandat sur moi qui m'est remis acquitté par M. Paulin....................	1,000 »
		Dudit.	
2 / 1	32	Effets à payer *doivent à* Acquits divers entrés par C/ *f.* 1,000.	
		Pour mettre à la charge du débit du 1.er l'acquit entré ce jour...................	1,000 »
		Du 10 dudit.	
1 / 2	33	Caisse *doit à* Dettes passives non exigibles en capital *f.* 4,000.	
		Pour espèces reçues, moyennant rente viagère de *f.* 360, par moi constituée au profit de dame Angélique Louise, par acte sous seing-privé....................	4,000 »
		Dudit.	
2 / 1	34	Effets à payer *doivent à* Caisse, *f.* 1,500.	
		Pour mandat sur moi acquitté à Calixte ce jour avant l'échéance....................	1,500 »
		Dudit.	
1 / 2	35	Caisse *doit à* Profits et Pertes, *f.* 8.	
		Pour escompte reçu lors du paiement de l'effet sur moi payé par avance....................	8 »
		Du 30 dudit.	
1 / 2	36	Acquits divers entrés par C/ *doivent à* M. Henri de Lyon S/C courant, *f.* 150.	
		Pour le mémoire acquitté pour M/C, pour réparations, par M. Henri, et reçu de lui ce jour.	150 »
		Dudit.	
2 / 1	37	Compte Personnel *doit à* Acquits divers entrés par C/, *f.* 150.	
		Pour mettre à la charge du débit du 1.er le mémoire acquitté pour M/C par M. Henri.........	150 »
		Du 31 dudit.	
2 / 1	38	Compte personnel *doit à* Caisse, *f.* 300.	
		Pour payé pour diverses dépenses domestiques....................	300 »
		Dudit.	
2 / 1	39	M. Victor de Bordeaux *doit à* Effets à recevoir, *f.* 4,100.	
		Pour ma remise de ce jour à M. Martin, de 3 effets sur Bordeaux....................	4,100 »
		Dudit.	
1 / 2	40	Crédits reçus *doivent à* Compte personnel, *f.* 1,200.	
		Pour le crédit que me donne M. Henri pour les loyers touchés par lui pour M/C.	1,200 »
		Dudit.	
2 / 1	41	M. Henri de Lyon, S/C courant *doit à* Crédits reçus, *f.* 1,200.	
		Pour les loyers qu'il a touchés pour M/C suiv. son avis du 7 du courant et dont je reçois crédit.	1,200 »
		Dudit.	
3 / 3	42	Dép.ses de ma Maison, de 1818, doiv.t à Paiemens à faire pour dépenses 1818, *f.* 450.	
		Pour les dépenses diverses à ma charge pendant le mois de janvier courant et enregistrées au débit du C/ personnel	450 »
		Dudit.	
3 / 3	43	Produits annuels de 1817 *doivent à* Recouvremens à faire p. revenus 1817, *f.* 1,200.	
		Pour les recouvremens divers, faits à mon profit, pendant le mois de janvier courant et enregistrés au crédit de mon C/ personnel....................	1,200 »

GRAND-LIVRE 1818.

RÉPERTOIRE.

<table>
<tr><td colspan="2"></td><td>Folios.</td><td colspan="2"></td><td>Folios.</td></tr>
<tr><td colspan="2" align="center">A.</td><td></td><td colspan="2" align="center">L.</td><td></td></tr>
<tr><td>Acquits divers entrés par Compte</td><td></td><td>1</td><td colspan="2" align="center">M.</td><td></td></tr>
<tr><td colspan="2" align="center">B.</td><td></td><td>Marchandises générales</td><td></td><td>1</td></tr>
<tr><td></td><td></td><td></td><td>Meubles-Meublans, contrats et inscrip.^{ns} de Rentes.</td><td></td><td>1</td></tr>
<tr><td></td><td></td><td></td><td>Martin de Rouen ; S/C courant</td><td></td><td>2</td></tr>
<tr><td colspan="2" align="center">C.</td><td></td><td colspan="2" align="center">N.</td><td></td></tr>
<tr><td>Caisse</td><td></td><td>1</td><td colspan="2" align="center">O.</td><td></td></tr>
<tr><td>Crédits reçus</td><td></td><td>1</td><td></td><td></td><td></td></tr>
<tr><td>Crédits donnés pour Traites et autres dispositions.</td><td></td><td>1</td><td colspan="2" align="center">P.</td><td></td></tr>
<tr><td>Compte personnel</td><td></td><td>2</td><td>Profits et pertes</td><td></td><td>2</td></tr>
<tr><td>Compte de divers débiteurs</td><td></td><td>2</td><td>Produits annuels de l'an 1817</td><td></td><td>3</td></tr>
<tr><td></td><td></td><td></td><td>Produits annuels de l'an 1818</td><td></td><td>3</td></tr>
<tr><td colspan="2" align="center">D.</td><td></td><td>Paiemens à faire pour Dépenses obligées de 1817.</td><td></td><td>3</td></tr>
<tr><td>Dettes passives non-exigibles en capital</td><td></td><td>2</td><td>Paiemens à faire pour Dépenses obligées de 1818.</td><td></td><td>3</td></tr>
<tr><td>Dépenses de ma maison, de l'an 1817</td><td></td><td>3</td><td>Paulin de Marseille ; S/C courant</td><td></td><td>2</td></tr>
<tr><td>Dépenses de ma maison, de l'an 1818</td><td></td><td>3</td><td colspan="2" align="center">Q.</td><td></td></tr>
<tr><td>Dépenses renvoyées à l'an 1819</td><td></td><td>3</td><td></td><td></td><td></td></tr>
<tr><td colspan="2" align="center">E.</td><td></td><td colspan="2" align="center">R.</td><td></td></tr>
<tr><td>Effets à recevoir</td><td></td><td>1</td><td>Recettes pour mouvemens de fonds</td><td></td><td>2</td></tr>
<tr><td>Effets échus, et autres titres actifs de Commerce.</td><td></td><td>1</td><td>Recouvremens à faire pour Revenus 1817</td><td></td><td>3</td></tr>
<tr><td>Effets à payer</td><td></td><td>2</td><td>Recouvremens à faire pour Revenus 1818</td><td></td><td>3</td></tr>
<tr><td colspan="2" align="center">F.</td><td></td><td colspan="2" align="center">S.</td><td></td></tr>
<tr><td></td><td></td><td></td><td colspan="2" align="center">T.</td><td></td></tr>
<tr><td colspan="2" align="center">G.</td><td></td><td colspan="2" align="center">U.</td><td></td></tr>
<tr><td colspan="2" align="center">H.</td><td></td><td colspan="2" align="center">V.</td><td></td></tr>
<tr><td>Henry de Lyon ; S/C courant</td><td></td><td>2</td><td>Victor de Bordeaux ; S/C courant</td><td></td><td>2</td></tr>
<tr><td colspan="2" align="center">I.</td><td></td><td colspan="2" align="center">X.</td><td></td></tr>
<tr><td>Immeubles</td><td></td><td>1</td><td colspan="2" align="center">Y.</td><td></td></tr>
<tr><td colspan="2" align="center">K.</td><td></td><td colspan="2" align="center">Z.</td><td></td></tr>
</table>

DOIT.

(Account titles are printed spanning the spread; the facing "Avoir" page and the start of the next account — "CAISSE", "1818.", etc. — bleed in along the right edge.)

CAISSE

1818.	Dates.			Numéros de l'art. du Journal.	Folios des C/ts Créditeurs.	Contre-parties	Sommes
Janvier	1.er	A compte personnel	pour le numéraire en caisse au 31 décembre 1817	1	2		25,000
		A Profits et Pertes	pour escompte reçu	11	2		3,000
	3	A marchandises générales	pour prix de marchandises vendues	12	1		7,000
	4	A M. Henry de Lyon	pour espèces reçues	14	2		500
	5	A Effets à recevoir	pour espèces reçues contre effet négocié	21	1		3,000
	6	A Recettes pour mouvemens de fonds	pour espèces reçues pour obtenir mandat	23	2		1,500
	7	A Effets à payer	pour espèces reçues contre mon bon	26	2		4,000
	10	A Caisse	pour espèces reçues moyennant rente viagère	33	2		8
		A Profits et Pertes	pour espèces reçues pour escompte	35	2		44,028
		A déduire	le total des contre-parties de ce compte				8,085
		Net					35,943

EFFETS À RE[CEVOIR]

1818.	Dates.			Numéros	Folios	Contre-parties	Sommes
Janvier	1.er	A compte personnel	pour les Effets en porte-feuille au 31 décembre 1817	1	2		35,000
	2	A Caisse	pour effet entré	10	1		1,000
	4	A M. Victor de Bordeaux	pour ceux entrés	15	2		15,000
							51,000
		A déduire	le total des contre-parties de ce compte				1,500
		Net					49,500

EFFETS ÉCHUS ET AUTRES TIT[RES]

1818.	Dates.			Numéros	Folios	Contre-parties	Sommes
Janvier	1.er	A compte personnel	pour ceux en porte-feuille au 31 décembre 1817	1	2		197,600
	5	A divers	pour effet échu et protesté	20	"		1,055
							198,655

MARCHANDISES GÉN[ÉRALES]

1818.	Dates.			Numéros	Folios	Contre-parties	Sommes
Janvier	1.er	A compte personnel	pour les marchandises en magasin au 31 décembre 1817	1	2		87,200
	1.er	A Effets à payer	pour celles entrées contre mon billet à ordre	8	2		3,000
	2	A Caisse	pour celles achetées comptant	9	1		1,005
	5	A M. Martin de Rouen	pour celles reçues	18	1		4,500
	5	A Caisse	p.r frais acquités augmentant le prix des marchandises	19	1		25
							95,730
		A déduire	le total des contre-parties de ce compte				3,000
		Net					92,730

MEUBLES-MEUBLANS, CONTRA[TS ET ...]

1818.	Dates.			Numéros	Folios	Contre-parties	Sommes
Janvier	1.er	A compte personnel	pour ceux que je possède au 31 décembre 1817	1	2		55,000
	28	A Caisse	pour contrat de rente perpétuelle de f. 400, acheté	28	1		6,000
							61,000

IMMEUBLE[S]

1818.	Dates.			Numéros	Folios	Contre-parties	Sommes
Janvier	1.er	A compte personnel	pour ceux que je possède au 31 décembre 1817	1	2		78,000

ACQUITS DIVERS [EN ...]

1818.	Dates.			Numéros	Folios	Contre-parties	Sommes
Janvier	9	A M. Paulin de Marseille	pour le mandat sur moi acquitté, entré ce jour	31	2		1,000
	10	A M. Henry de Lyon	pour mémoire acquitté pour M/C remis par M. Henry	36	2		150
							1,150

CRÉDIT[S REÇUS]

1818.	Dates.			Numéros	Folios	Contre-parties	Sommes
Janvier	4	A M. Henry de Lyon	pour crédit de M. Henry demandé par M. Paulin	16	2		2,000
	8	A Effets à payer	pour mandat sur moi	29	2		2,500
	31	A compte personnel	pour recouvrement fait pour M/C	40	2		1,200
							5,700

CRÉDITS DONNÉS POUR TRAITE[S ET ...]

1818.	Dates.			Numéros	Folios	Contre-parties	Sommes
Janvier	1.er	A divers	pour les crédits que je donne pour dettes passives	4	"		205,000
	6	A M. Henry de Lyon	p.r le crédit que je donne à M. Henry, p.r mandat sur lui	25	2		3,000
							208,000

CAISSE.

AVOIR.

Sommes	1818	Dates		Pour	Numéros des art. du Journal	Folios des C.ᵉˢ Débiteurs	Contre-parties	Sommes
25,000	Janvier.	1.er	Par Marchandises générales	pour marchandises achetées	9	1	1,005 //	1,005 //
20		5	Par Effets à recevoir	pour achat d'effet	10	1	1,000 //	1,000 //
3,000			Par Marchandises générales	pour frais acquittés	19	1	25 //	25 //
7,000		5	Par Effets échus et autres titres	pour frais de protêt, amende et enregistrement acquittés	20	1	55 //	55 //
500		7	Par Profits et Pertes	pour perte à la négociation d'un effet acquitté	22	2	10 //	10 //
3,000			Par ... idem	pour intérêts payés	27	2	// //	37 50
1,500			Par Meubles-Meublans, etc.	pour contrat de rente acheté	18	2	6,000 //	6,000 //
4,000		9	Par Effets à payer	pour mandat sur moi acquitté	34	2	// //	1,500 //
8		31	Par Compte personnel	pour payé pour dépenses domestiques	38	2	// //	300 //
44,028			A déduire	le total des contre-parties de ce compte			8,085 //	9,932 50
8,085							8,085 //	8,085 //
35,943			Net					1,847 50

EFFETS À RECEVOIR.

Sommes	1818	Dates		Pour	N° Journal	Folios	Contre-parties	Sommes
35,000	Janvier.	5	Par Effets échus et autres titres	pour effet échu et protesté	20	1	1,000 //	1,000 //
1,000		5	Par Caisse	pour effet négocié	21	1	500 //	500 //
15,000		31	Par M. Victor de Bordeaux	pour effets sortis	39	2	// //	4,100 //
51,000			A déduire	le total des contre-parties de ce compte			1,500 //	5,600 //
1,500							1,500 //	1,500 //
49,500			Net					4,100 //

AUTRES TITRES ACTIFS DE COMMERCE.

Sommes	1818	Dates		Pour	N° Journal	Folios	Contre-parties	Sommes
97,600	Janvier.	1.er	Par divers	pour les extraits de comptes envoyés	2	//		196,900 //
1,055								
98,655								196,900 //

MARCHANDISES GÉNÉRALES.

Sommes	1818	Dates		Pour	N° Journal	Folios	Contre-parties	Sommes
87,000	Janvier.	3	Par Caisse	pour celles sorties	12	1	3,000 //	3,000 //
3,000			Par C/ de divers débiteurs	pour ... idem	13	2	// //	100 //
1,005								
4,500								
25								
5,730								
3,000			A déduire	le total des contre-parties de ce compte			3,000 //	3,100 //
2,730							3,000 //	3,000 //
			Net					100 //

CONTRATS ET INSCRIPTIONS DE RENTES, 5 p. o/o consolidés.

Sommes	1818	Dates		Pour	N° Journal	Folios	Contre-parties	Sommes
6,000								
6,000								

MEUBLES.

Sommes	1818	Dates		Pour	N° Journal	Folios	Contre-parties	Sommes
6,000								

MANDATS ENTRÉS PAR COMPTE.

Sommes	1818	Dates		Pour	N° Journal	Folios	Contre-parties	Sommes
1,000	Janvier.	8	Par Effets à payer	pour mettre à la charge des effets à payer mandats acq.ᵗˢ	32	2		1,000 //
150		10	Par Compte personnel	pour ... idem ... mémoire acquitté	37	2		150 //
150								1,150 //

CRÉDIT REÇUS.

Sommes	1818	Dates		Pour	N° Journal	Folios	Contre-parties	Sommes
2,000	Janvier.	4	Par M. Paulin de Marseille	pour le crédit qui m'est donné valeur au...	17	2		2,000 //
2,500		8	Par M. Henry de Lyon	pour ... idem ... pour mandats tirés sur moi	30	2		2,500 //
1,200		31	Par M. Henry de Lyon	pour ... idem ... pour loyers recouvrés pour M/C	41	2		1,200 //
								5,700 //

MANDATS ET AUTRES DISPOSITIONS NÉCESSAIRES.

Sommes	1818	Dates		Pour	N° Journal	Folios	Contre-parties	Sommes
00	Janvier.	1.er	Par compte personnel	pour crédits à donner pour dettes passives	3	2		205,000 //
00		6	Par recettes p.ʳ mouvemens de fonds, pour mon mandat O/ Bonaventure		24	2		3,000 //
00								208,000 //

DOIT.

COMPTES PERS...

1818.	Dates		Numéros des art. du Journal.	Folios des C/ Créditeurs.	Contre-parties	Sommes	1818.
Janvier.	1.er	A Crédits donnés............ pour mes dettes passives au 31 décembre 1817..........	3	1		205,00...	Janvier.
	10	A Acquits divers, etc.......... pour mémoire acquitté pour M/C...........	37	1		15...	
	31	A Caisse................. pour dépenses diverses domestiques..........	38	1		30...	
						205,45...	

M. HENRY DE LYON

1818.	Dates		Numéros des art. du Journal.	Folios des C/ Créditeurs.	Contre-parties	Sommes	1818.
Janvier.	1.er	A Effets échus et titres actifs.... p.r ce qu'il me doit au 31 décembre 1817, suiv. extrait de C/.	2	1		96,300	Janvier.
	30	A Crédits reçus.............. pour le crédit qu'il me donne pour des mandats.........	30	1		2,50...	
	31	A...idem.............. pour ses recouvremens pour M/C............	41	1		1,200	
						100,000	

M. VICTOR DE BORD...

1818.	Dates		Numéros des art. du Journal.	Folios des C/ Créditeurs.	Contre-parties	Sommes	1818.
Janvier.	31	A Effets à recevoir............ pour ma remise en Effets à recouvrer................	39	1		4,100	Janvier.

M. MARTIN DE ROU...

1818.	Dates		Numéros des art. du Journal.	Folios des C/ Créditeurs.	Contre-parties	Sommes	1818.
Janvier.	1.er	A Effets échus et titres actifs ... p.r ce qu'il me doit au 31 décembre 1817, suiv. extrait de C/.	2	1		100,600	Janvier.

M. PAULIN DE MAR...

1818.	Dates		Numéros des art. du Journal.	Folios des C/ Créditeurs.	Contre-parties	Sommes	1818.
Janvier.	4	A Crédits reçus............ pour le crédit qu'il me donne p.r C/ de M. Henry........	17	1		2,000	Janvier.

COMPTE DE DIV...

1818.	Dates		Numéros des art. du Journal.	Folios des C/ Créditeurs.	Contre-parties	Sommes	1818.
Janvier.	3	A Marchandises générales........ pour marchandises vendues à M. Bonnet.	13	1		100	Janvier.

RECETTES POUR MO...

1818.	Dates		Numéros des art. du Journal.	Folios des C/ Créditeurs.	Contre-parties	Sommes	1818.
Janvier.	6	A Crédits donnés............ pour mon mandat délivré O/ Bonaventure............	24	1		3,000	Janvier.

PROFITS ET PE...

1818.	Dates		Numéros des art. du Journal.	Folios des C/ Créditeurs.	Contre-parties	Sommes	1818.
Janvier.	5	A Caisse................. pour perte à la négociation d'un effet................	22	1		10	Janvier.
	7	A Caisse................. pour intérêts payés................	27	1		37	
						47	

EFFETS À ...

1818.	Dates		Numéros des art. du Journal.	Folios des C/ Créditeurs.	Contre-parties	Sommes	1818.
Janvier.	9	A Acquits divers, etc......... pour mandat sur moi entré, acquitté par C/...........	32	1		1,000	Janvier.
	10	A Caisse................. pour mandat acquitté................	34	1		1,500	
						2,500	

DETTES PASSIVES N...

COMPTE PERSONNEL. FOL. 2. **AVOIR.**

1818	Dates		Numéros des articles du Journal.	Folios des C/es Débiteurs.	Contre-partie	Sommes.	
Janvier.	1.er	Par Divers................ pour les Valeurs et Dettes actives au 31 décembre 1817...	1	"		477,800	"
	31	Par Crédits reçus.......... pour Recouvremens faits pour M/C par M. Henry.........	40	1		1,200	"
						479,000	"

HENRY, LYON; S/C COURANT.

1818	Dates		Numéros	Folios	Contre-partie	Sommes.	
Janvier.	4	Par Caisse.............. pour son envoi d'espèces..............	14	1		7,000	"
	4	Par Crédits reçus........... pour Crédit d. S/C demandé par M. Paulin...........	16	1		2,000	"
	6	Par Crédits donnés.......... pour le Crédit que je lui donne pour Mandat sur lui......	25	1		3,000	"
	10	Par Acquits divers, etc....... pour sa remise d'un Mémoire acquitté.............	36	1		150	"
						12,150	"

BORDEAUX; S/C COURANT.

1818	Dates		Numéros	Folios	Contre-partie	Sommes.	
Janvier.	1.er	Par Crédits donnés.......... pour ce que je lui dois au 31 décembre 1817...........	4	1		70,500	"
	4	Par Effets à recevoir......... pour sa remise.................	15	1		15,000	"
						85,500	"

ROUEN; S/C COURANT.

1818	Dates		Numéros	Folios	Contre-partie	Sommes.	
Janvier.	5	Par Marchandises générales.... pour son envoi de Marchandises.............	18	1		4,500	"

MARSEILLE; S/C COURANT.

1818	Dates		Numéros	Folios	Contre-partie	Sommes.	
Janvier.	1.er	Par Crédits donnés........... pour ce que je lui dois au 31 décembre 1817...........	4	1		79,500	"
	9	Par Acquits divers.......... pour sa remise d'un Mandat acquitté............	31	1		1,000	"
						80,500	"

DIVERS DEBITEURS.

MOUVEMENS DE FONDS.

1818	Dates		Numéros	Folios	Contre-partie	Sommes.	
Janvier.	6	Par Caisse................ pour espèces versées pour obtenir Mandats.............	23	1		3,000	"

PERTES.

1818	Dates		Numéros	Folios	Contre-partie	Sommes.	
Janvier.	2	Par Caisse................ pour escompte d'un Effet acheté.............	31	1		20	"
	10	Par Caisse................ pour idem.................	35	1		8	"
						28	

A PAYER.

1818	Dates		Numéros	Folios	Contre-partie	Sommes.	
Janvier.	1.er	Par Crédits donnés......... pour ceux restant à payer au 31 décembre 1817.........	4	1		13,000	"
	1.er	Par Marchandises générales... pour Billet souscrit et à payer................	8	1		3,000	"
	7	Par Caisse................ pour mon Bon, O/ Louis, délivré contre espèces........	26	1		1,500	"
	8	Par Crédits reçus.......... pour Mandats divers tirés sur moi par M. Henry........	29	1		2,500	"
						20,000	"

NON EXIGIBLES EN CAPITAL.

1818	Dates		Numéros	Folios	Contre-partie	Sommes.	
Janvier.	1.er	Par Crédits donnés.......... pour celles existantes au 31 décembre 1817...........	4	1		42,000	"
	10	Par Caisse................ pour rente viagère de f. 360 constituée.............	33	1		4,000	"
						46,000	"

DOIT.

RECOUVREMENS A FAI[RE POUR...]

1818.	Dates		Numéros des articles du Journal	Folios des C/es Créditeurs.	Contre-parties	Sommes
JANVIER.	1.er	A Divers................ pour ce qui reste à recouvrer au 31 décembre 1817.....	5	"	"	4,700

RECOUVREMENS A FAI[RE POUR...]

JANVIER.	1.er	A Produits annuels de 1818... pour les Produits présumés de 1818.................	6	3		15,600

PAIEMENS A FAIRE PO[UR...]

JANVIER.	1.er	A Divers................ pour ce qui reste à payer au 31 décembre 1817..........	5	"		3,200

PAIEMENS A FAIRE PO[UR...]

JANVIER.	1.er	A Divers................ pour mes Dépenses présumées de 1818.................	7	"		14,800

PRODUITS ANNUE[LS DE L'...]

JANVIER.	31	A Recouvremens à faire...... pour les Recouvremens faits p.r M/C pendant le mois de janv	43	3		1,200

PRODUITS ANNUE[LS DE L'...]

DÉPENSES DE M[...] MAIS

DÉPENSES DE M[...] MAIS

JANVIER.	31	A Paiemens à faire.......... pour celles acquittées pendant le mois de janvier	42	3		450

DÉPENSES RENVOYÉE[S A L'...]

NOTA. Il faut observer que les Valeurs converties et connues par les contre-parties, qui ressortent, article [...]

Cependant les conversions faisant contre-parties aux Crédits des Comptes de Valeurs, peuvent, si l'on veut, [...]yan des Comptes des Valeurs et Dispositions, pour avoir le total des valeurs entrées par compte, et des disposition[...] et les Dispositions, les Crédits et les Débits des Comptes de Gestion, et les Valeurs dont on est en possession [...]

Toutefois il est d'usage de déduire les contre-parties au Grand-Livre, pour avoir le net des Comptes lors d[...]tit[...] fait en déterminant la somme nécessaire pour balance des Comptes, et étant à porter comme *solde*, soit au[...]leur on doit crédit comme Dettes passives. Enfin les Comptes d'ordre et détail se ferment réciproquement po[...]

...FAI[T] POUR REVENUS 1817. **AVOIR.**

	1818.	Dates.		Numéros des articles du Journal.	Folios des C/es Débiteurs.	Contre-parties		Sommes.	
	Janvier.	31	Par Produits annuels 1817... pour les Recouvremens du mois de janvier...............	43	3	»	»	1,200	»

...FAI[T] POUR REVENUS 1818.

...PO[UR] **DÉPENSES OBLIGÉES DE 1817.**

...PO[UR] **DÉPENSES OBLIGÉES DE 1818.**

| | Janvier. | 31 | Par dépenses de ma Maison.... pour les Dépenses à ma charge du mois de janvier...... | 42 | 3 | | | 450 | » |

...NUE DE L'AN 1817.

| | Janvier. | 1.er | Par Divers................ pour ce qui reste à recouvrer au 31 décembre 1817....... | 5 | » | | | 4,700 | » |

...NUE DE L'AN 1818.

| | Janvier. | 1.er | Par Recouvremens à faire..... pour les produits présumés de 1818................. | 6 | 3 | | | 15,600 | » |

...MAISON, DE L'AN 1817.

| | Janvier. | 1.er | Par Divers................ pour ce qui reste à payer au 31 décembre 1817......... | 5 | » | | | 3,200 | » |

...MAISON, DE L'AN 1818.

| | Janvier. | 1.er | Par Paiemens à faire........ pour Dépenses présumées de 1818.................. | 7 | 3 | | | 8,200 | » |

...YÉ A L'AN 1819.

| | Janvier. | 1.er | Par Paiemens à faire........ pour dépenses restant à faire sur celles arrêtées......... | 7 | 3 | | | 6,600 | » |

...[art]icle, au Compte des Valeurs, ont été déduites ici au Grand-Livre, et s'élèvent à. . . ƒ. 12,585

SAVOIR:

Au C/ Caisse, à.................... ƒ. 8,085
Au C/ Effets à recevoir, à.......... ƒ. 1,500
Au C/ Marchandises générales, à...... ƒ. 3,000

SOMME pareille....... ƒ. 12,585

...[p]as être déduites au Grand-Livre, mais seulement *en somme*, à la Balance des Comptes, aussitôt après le total ...ayant eu lieu, ce qui revient au même, et ne détruit en rien l'accord triple existant entre les Valeurs entrées

...leur fermeture, pour commencer la Gestion nouvelle. La fermeture des Comptes à la fin de la Gestion se ...autres *actifs de commerce*, pour les soldes débiteurs, soit aux *crédits donnés* p.r les soldes créanciers dont ...leurs soldes à porter à compte nouveau.

BALANCE DES COMPTES DU *GRAND-LIVRE au* 1.er *février* 1818.

Folios des Comptes		DÉBITS Contre-parties	DÉBITS Sommes	CRÉDITS Contre-parties	CRÉDITS Sommes	SOLDES Débiteurs	SOLDES Créanciers
	Valeurs.						
1	Caisse		35,943 //		1,847 50	34,095 50	// //
1	Effets à recevoir		49,500 //		4,100 //	45,400 //	// //
1	Effets échus, et autres titres actifs de comm.ce		198,655 //		196,900 //	1,755 //	// //
1	Marchandises générales		92,730 //		100 //	92,630 //	// //
1	Meubles-Meubl.s, Contrats et Insc.ns de rentes		61,000 //		// //	61,000 //	// //
1	Immeubles		78,000 //		// /	78,000 //	// //
1	Acquits divers entrés par compte		1,150 //		1,150 //	// //	// //
	Dispositions.						
1	Crédits reçus		5,700 //		5,700 //	// //	// //
1	Crédits donnés pour Traites et Dispositions		208,000 //		208,000 //	// //	// //
			730,678 //		417,797 50	312,880 50	// //
	Comptes courans et de gestion.						
2	Compte personnel		205,450 //		479,000 //	// //	273,550 //
2	M. Henry de Lyon; S/C courant		100,000 //		12,150 //	87,850 //	// //
2	M. Victor de Bordeaux; S/C courant		4,100 //		85,500 //	// //	81,400 //
2	M. Martin de Rouen; S/C courant		100,600 //		4,500 //	96,100 //	// //
2	M. Paulin de Marseille; S/C courant		2,000 //		80,500 //	// //	78,500 //
2	Compte de divers Débiteurs		100 //		// //	100 //	// //
2	Recettes pour mouvemens de fonds		3,000 //		3,000 //	// //	// //
2	Profits et Pertes		47 50		28 //	19 50	// //
2	Effets à payer		2,500 //		20,000 //	// //	17,500 //
2	Dettes passives non exigibles en capital		// //		46,000 //	// //	4,000 //
	Comptes d'ordre et de détail.						
3	Recouvremens à faire pour revenus 1817		4,700 //		1,200 //	3,500 // (1)	// //
3	Recouvremens à faire pour revenus 1818		15,600 //		// //	15,600 // (1)	// //
3	Paiemens à faire p.r Dépenses obligées 1817		3,200 //		// //	3,200 // (2)	// //
3	Paiemens à faire p.r Dépenses obligées 1818		14,800 //		450 //	14,350 // (2)	// //
3	Produits annuels de l'an 1817		1,200 //		4,700 //	// //	3,500 //
3	Produits annuels de l'an 1818		// //		15,600 //	// //	15,600 //
3	Dépenses de ma maison, de l'an 1817		// //		3,200 //	// //	3,200 //
3	Dépenses de ma maison, de l'an 1818		450 //		8,200 //	// //	7,750 //
3	Dépenses renvoyées à l'an 1819		// //		6,600 //	// //	6,600 //
	TOTAUX		1,188,425 50		1,188,425 50	533,600 //	533,600 //

ÉQUATION TRIPLE.

VALEURS ENTRÉES ET DISPOSITIONS FAITES.		RECETTE OU CRÉDITS DES COMPTES COURANS ET DE GESTION.		DÉPENSE OU DÉBITS DES COMPTES COURANS ET DE GESTION.	
Numéraire entré, non converti	35,943 //	Compte personnel	479,000 //		205,450 //
Effets entrés et non convertis	49,500 //	M. Henry de Lyon	12,150 //		100,000 //
Effets échus, et autres titres actifs	198,655 //	M. Victor de Bordeaux	85,500 //		4,100 //
March.ses entrées et non conv.ties	92,730 //	M. Martin de Rouen	4,500 //		100.600 //
Meubles-Meublans, etc.	61,000 //	M. Paulin de Marseille	80,500 //		2,000 //
Immeubles	78,000 //	Compte de divers Débiteurs	//		100 //
Acquits entrés par compte	1,150 //	Recettes p.r mouvem.s de fonds	3,000 //		3,000 //
Crédits reçus	5,700 //	Profits et Pertes	28		47 50
Crédits donnés	208,000 //	Effets à payer	20,000 //		2,500 //
		Dettes pass.s non-exig.s en capital	46,000 //		//
				A ajouter :	
				Valeurs en caisse, en portefeuille, et en ma possession	312,880 50
Le Total des valeurs et disp.ons	730,678 //	Le Total du crédit des Comptes de Gestion	730,678 //	Le Total des débits augmenté des valeurs en ma possession.	730,678 //

(1) Restes à Recouvrer.   (2) Restes à Payer.

CONCLUSION.

RÉDUIRE à un état simple la totalité des opérations si variées de Comptabilité, de Banque et de Commerce, tel a été mon but; et l'équation triple qui résulte de la Balance des Comptes fait voir que toutes les opérations inscrites aux Comptes courans et de gestion se trouvent comprises aux Livres des Valeurs et Dispositions.

Dégager les Comptes de gestion des Comptes de détail est sans doute un avantage; mais il en est un plus grand encore que donne la présente méthode, c'est que les Comptes de Détail du Commerçant (qui sont pour lui ses Comptes de Budget), reposant, pour les opérations faites, sur les Comptes de gestion, et les Comptes de gestion reposant eux-mêmes sur les mouvemens des valeurs et les dispositions qui ont eu lieu, on conçoit aisément la succession des opérations, et que si l'esprit se trouve satisfait du triple rapport qui existe dans la Balance des Comptes présentés comme Compte rendu, il démêle en même-temps qu'on peut *ajouter* ou *ôter* aux aperçus primitifs sur les Recettes et les Dépenses personnelles consignées aux Comptes de détail, sans déranger en rien la Gestion décrite, ni toucher à la Comptabilité des opérations effectuées.

Toutefois il n'est point d'opération qu'un Comptable, un Marchand, un Négociant, un Propriétaire puisse faire, qui n'appartienne nécessairement par sa nature à un des Comptes de Valeurs ou de Dispositions que ce système détermine : aussi est-il éminemment utile de fixer ainsi et invariablement les élémens des Comptes, et de créer une méthode qui met en rapport exact les valeurs et les dispositions avec les Comptes courans et de gestion, et qui classe à part les Comptes d'Ordre et de Détail.

Par les Livres de Valeurs et de Dispositions, les écritures sont tenues à parties simples.

Par le Journal, les écritures sont tenues à parties doubles.

Et les rapprochemens que l'on peut faire en la Balance des Comptes, résultat du Grand-Livre, donnent une satisfaction pleine et entière par l'accord triple des parties essentielles, et justifient sûrement de la Gestion annuelle, parce qu'elle peut être certifiée véritable dans son état simple.

Enfin, croyant que la chose se recommande par elle-même, comme chose exacte, je finis ici mon Opuscule, et prie seulement le lecteur d'observer : 1.° que s'il n'y a point été question de Bilan d'entrée, ni de Balance d'entrée, c'est que les rapports des Comptes avec les valeurs et dispositions étant exacts, il est inutile de créer ces Comptes éphémères, propres jusqu'ici à l'introduction des Comptes, mais sans valeur positive.

2.° Que la Gestion du Commerçant, du Propriétaire ou du Comptable, se trouve invariablement fixée et clairement exposée par l'équation résultant de la Balance des Comptes.

Et 3.° Que lorsqu'un Comptable doit un compte très-détaillé à un de ses correspondans ou à sa société pour le Compte personnel, il suffit de remettre d'abord extrait du Compte courant, sauf ensuite à faire un *résumé* par nature et par masse des diverses parties de ce Compte, et à *imputer après* les recettes et dépenses *portées au résumé*, conformément aux Comptes d'ordre et aux Livres auxiliaires.

J'avance l'Equation triple en partie double, sujet de ce livre, comme vérité incontestable; quant à mon système, il n'est autre que de conserver les élémens simples, à côté, et comme preuve des composés qu'ils ont enfantés : il fait voir comment la partie simple est en rapport exact avec la partie double, et il produit une balance des comptes qui expose clairement la gestion entière de celui qui opère suivant ma méthode, qui est elle-même un compte rendu, et est en outre susceptible de tous les développemens désirables.

8

MODÈLES DES LIVRES DE VA[LEURS]

(Ces livres primitifs s'additionnent chaque jo[ur], et cha[...]

DOIT.   LIVRE DE C[...]

N.os d'Enregistr. au Journal.	N.os d'ordre.		SOMMES REÇUES.
		Du 1.er janvier 1818.	
		Numéraire en caisse au 31 décembre 1817.............................	25,000
11	1	Reçu de M.......... pour escompte de l'Effet acheté ce jour................	20
			25,020
		Du 2 dudit. Solde ancien.......................	23,015
	2	....	

DOIT.   LIVRE DES EFFET[S] A [...]

N.os d'Enrégistr. au Journal.	N.os d'ordre.	NATURE DES EFFETS et MOTIFS DE LEUR ENTRÉE.	LIEUX de PAIEMENS.	ÉCHÉANCES.	DÉTAIL.	TOTAL des EFFETS ENTRÉS.

DOIT.   LIVRE DES EFFETS ÉCHUS E[T ...]

N.os d'Enregistr. au Journal.	N.os d'ordre.	NATURE DES EFFETS ET TITRES ACTIFS.	MONTANT.

DOIT.   LIVRE DES MA[...]

N.os d'enregistr. au Journal.	N.os d'ordre.	CAUSE de L'ENTRÉE.	NATURE, QUANTITÉ ET PRIX DES MARCHANDISES.	PRIX TOTAL DES MARCHANDISES à l'entrée.

DE VALEURS ET DES DISPOSITIONS.

…aque jour et chaque jour on fait le solde des livres des valeurs.)

LIVRE DE CAISSE. — *AVOIR.*

N.os d'Enregistr. au Journal.	N.os d'ordre.		SOMMES REÇUES.	
		Du 1.er janvier 1818.		
9	1	Payé à M........ p.r achat de 500 kilogram. de cassonade, à raison de f. 100 les 50 kil.	1,000	«
»	2	Payé à divers, pour frais de transport au magasin....................................	5	«
10	3	Acheté comptant de M.......... Effet sur Paris, payable le.....................	1,000	«
			2,005	«
		Solde à nouveau........................	23,015	«
			25,020	»
		Du 2 dudit.		
	4	....		

EFFETS A RECEVOIR. — *AVOIR.*

N.os d'Enregistr. au Journal.	N.os d'ordre.	NATURE DES EFFETS et MOTIFS DE LEUR SORTIE.	LIEUX de PAIEMENS.	ÉCHÉANCES.	DÉTAIL.	TOTAL des EFFETS SORTIS.

ET AUTRES TITRES ACTIFS DE COMMERCE. — *AVOIR.*

N.os d'Enregistr. au Journal.	N.os d'ordre.	NATURE DES EFFETS ET TITRES ACTIFS.	MONTANT.

DES MARCHANDISES GÉNÉRALES. — *AVOIR.*

N.os d'Enregistr. au Journal.	N.os d'ordre.	CAUSE de LA SORTIE.	NATURE, QUANTITÉ ET PRIX DES MARCHANDISES.	PRIX TOTAL DES MARCHANDISES à la sortie.

Suite des Modèles des Livres des Vale[...]

DOIT.   LIVRE DES MEUBLES-MEUBLANS, CONTRATS ET IN[...]

N.os d'Enregistr. au Journal.	N.os d'ordre.	NATURE DES MEUBLES, CONTRATS, ETC.	VALEUR EN PRINCIPAL
		Meubles-meublans, Contrats et Inscriptions en ma possession au 31 décembre 1817, détaillés en mon inventaire..	

DOIT.   LIVRE DES IMM[...]

N.os d'Enregistr. au Journal.	N.os d'ordre.	DÉSIGNATION DES IMMEUBLES.	PRIX de CHAQUE IMMEUBLE.

DOIT.   LIVRE DES ACQUITS [...]

N.os d'Enregistr. au Journal.	N.os d'ordre.	DÉSIGNATION DU COMPTE par lequel l'acquit est entré.	NATURE DE L'ACQUIT.	SOMMES.

DOIT.   LIVRE DE[...]

N.os d'Enregistr. au Journal.	N.os d'ordre.	DÉSIGNATION DU COMPTE pour lequel le crédit est reçu.	MOTIFS DU CRÉDIT REÇU.	VALEUR.	MONTANT.

DOIT.   LIVRE DES CRÉDITS DONNÉS POUR TRAITE[...]

N.os d'Enregistr. au Journal.	N.os d'ordre.	DÉSIGNATION du COMPTE CRÉDITÉ.	MOTIFS DU CRÉDIT DONNÉ.	VALEUR.	MONTANT.

es d.. ***Valeurs et des Dispositions.***

...TRA..ET INSCRIPTIONS DE RENTES, 5 p. o/o consolidés. *AVOIR.*

N.os d'Enregistr. au Journal.	N.os d'ordre.	NATURE, DES MEUBLES, CONTRATS, ETC.	VALEUR EN PRINCIPAL.
	1	....	

DE..IMMEUBLES. *AVOIR.*

N.os d'Enregistr. au Journal.	N.os d'ordre.	DÉSIGNATION DES IMMEUBLES.	PRIX de CHAQUE IMMEUBLE.

...UIT..ENTRÉS PAR COMPTE. (Ce Livre doit toujours être balancé). *AVOIR.*

N.os d'Enregistr. au Journal.	N.os d'ordre.	DÉSIGNATION DU COMPTE à la charge duquel l'acquit doit rester.	NATURE DE L'ACQUIT.	SOMMES.

DE..CRÉDITS REÇUS. (Ce Livre doit toujours être balancé.) *AVOIR.*

N.os d'Enregistr. au Journal.	N.os d'ordre.	DÉSIGNATION DU COMPTE de qui le crédit est reçu.	MOTIFS DU CRÉDIT REÇU.	VALEUR.	MONTANT.

...T AUTRES DISPOSITIONS NÉCESSAIRES. (Ce Livre doit toujours être balancé). *AVOIR.*

N.os d'Enregistr. au Journal.	N.os d'ordre.	DÉSIGNATION du COMPTE DÉBITÉ.	MOTIFS DES CRÉDITS A DONNER.	VALEUR.	MONTANT DES TRAITES et dispositions nécessaires.

Factures de Marchandises vendues et délivrées.

M.ʳ Auguste, Propriétaire, doit à M. Victor, Négociant à Bordeaux, pour les Marchandises vendues, ci-après détaillées;

SAVOIR:

N.ᵒˢ du Livre des Marchandises.	DATES.	DÉTAIL.	SOMMES.
		Total de la Facture................ƒ.	

Certifié conforme la présente Facture, montant à la somme, etc.

Facture de Marchandises envoyées.

Lyon, le

MAISON DE HENRY,
Négociant à Lyon.

M. Henry, Négociant à Lyon, sur la demande de M........ en date du........ a expédié par l'entremise de.............. les marchandises ci-après détaillées, pour être rendues dans le délai de......... jours, à l'adresse de..............

Enregistré
N.ᵒ

NOMBRE, Marque et Poids DES BALLOTS.	DÉSIGNATION des MARCHANDISES.	QUANTITÉ.	PRIX.	PRIX TOTAL.
	Montant de la Fourniture..............ƒ.			
	A ajouter........ { Emballage.............. Port ou roulage.............. Droits.............. Commission.............. }			
	Total de la Facture................ƒ.			

Certifié conforme la présente facture, montant à, etc.

Lettre de Voiture.

Paris, le

Voiture.........ƒ.
Remboursement. ƒ.

Monsieur,

A la garde de Dieu et conduite de........voiturier, demeurant à......
Je vous envoie une Caisse marquée comme en marge, pesant...... kilogrammes, et contenant.............. pour vous être rendue en quinze jours, à peine de perdre le tiers de sa voiture (sans que le voiturier soit responsable des choses fragiles).

Marque.
A B
N.ᵒ 1.

Vous lui paierez la somme de.............. par 50 kilogrammes, et lui rembourserez celle de.............. suivant le détail ci-dessus.

Je vous salue.

A Monsieur..............
Négociant,
rue Saint-Louis, n.ᵒ 12,
à Lyon.

Billet à Ordre.

Lyon, le

Au 13 juin prochain je paierai à M. Godefroi ou à son ordre, la somme
de   valeur reçue en marchandises.

A Lyon, le

Lettre-de-Change à l'ordre du Tireur.

A vingt jours de date, vous paierez à mon ordre par cette seule de change la
somme de
valeur en moi-même, que vous passerez à mon débit suivant avis
de

A Monsieur
Denis, négociant,
à Bordeaux,

Autre Lettre-de-Change.

B. pour f.

A   payez par cette   de change
      à l'ordre de M.

la somme de
valeur   que vous passerez   avis de
A Monsieur
      à
N.º

Compte de Retour.

Compte de Retour et de retraite à un effet de
souscrit par   de   le   payable à
le   à l'ordre de   protesté le   faute de paiement.
Cet effet a été passé par   premier endosseur à
qui l'a passé à

SAVOIR:

Capital...
Frais d'enregistrement de l'Effet.....................
Frais de protêt......................................
Timbre à la Retraite.................................
Commission à 1/2 pour o/o..........................
Perte à la Retraite à 1/2 pour o/o..................
Courtage 1/8.......................................
Port de Lettre......................................

TOTAL..f.

De laquelle somme de
M.   se rembourse en sa Retraite à vue sur M.
à l'ordre de M.

Certificat.

Je soussigné, agent-de-change près la Bourse de   certifie que la Retraite
ci-dessus a été négociée à 1/2 pour o/o de perte, cours   sur
de ce jour, et que les frais portés en ce compte de retour sont légitimement dus.
A   le

MODÈLE D'EXTRAIT DE COMPT[E]

Nota. Il faut supprimer les deux dernières colonnes du [...]

DOIT.   M. Henry de Lyon ; S/C courant avec M...... au taux de 5 p. [...]

1818.	DATES.	MOTIF DU DÉBIT.	VALEURS.	CAPITAUX.	JOURS.	NOMBRE[S]
JANVIER.	1.er	Solde ancien..	31 décemb. 1817.	96,300 //	90	8,667,500
	30	Pour le Crédit qu'il me donne pour mandats sur moi..................	5 janvier 1818..	2,500 //	85	212,500
	31	Pour les recouvremens qu'il a faits pour M/C.......................	30 *dito*.........	1,200 //	60	72,000
		Intérêts résultant de la balance des nombres de *f.* 7,987,750, multipliée par 5 et divisée par 36,500	....	1,094 20		
				101,094 20		8,951,500

CERTIFIÉ exact le présent Compte arrêté valeur au 31 mars 1818, et soldant en ma fa[veur]

Nota. Il est observé que, pour Comptabilité particulière dévelop[...]

NOTE RELATIVE AUX COMPTES D'ORDRE ET DE DÉTAIL.

Les Comptes d'Ordre et de Détail sont de deux natures :

Ils sont d'Ordre pour les aperçus des recouvremens et des paiemens à faire ;

Ils sont de Détail pour les recouvremens et les paiemens qu'on a faits.

Les Comptes d'Ordre doivent aux Comptes de Détail le montant des recouvremens et des paiemens à faire suivant les aperçus.

Les Comptes de Détail doivent aux Comptes d'Ordre le montant des recettes et dépenses effectuées, et portées aux Comptes Courans et de Gestion, mais décrites aux Comptes d'Ordre avec plus de détail.

Du tout on passe écriture au Journal, et on connaît par les Soldes des Comptes dont il s'agit, les Restes à recouvrer et les Restes à payer d'après les aperçus, et les recettes et dépenses effectuées.

OU COMPTE D'INTÉRÊTS.

et du *Crédit* lorsqu'on veut arrêter un C/ seulement en principal.

par an, *arrêté au 20 février 1818, valeur au 31 mars 1818.*

1818.	DATES.	MOTIF DU CRÉDIT.	VALEURS.	CAPITAUX.		JOURS.	NOMBRES.	
JANVIER.	4	Pour son envoi d'espèces..	1.er janvier 1818.	7,000	//	89	623,000	//
		Pour le crédit qui lui est donné sur la demande de M. Paulin...........	31 *dito*..........	2,000	//	59	118,000	//
	6	Pour le crédit que je lui ai donné pour mandat sur lui.................	20 *dito*..........	3,000	//	70	210,000	//
	10	Pour la remise d'un acquit pour M/C............................	5 *dito*..........	150	//	85	12,750	//
		Balance des nombres..	....	....		......	7,987,750	//
		Solde débiteur à porter à C/ nouveau..............................	au 31 mars 1818.	88,944	20			
				101,094	20		8,951,500	//

par *quatre-vingt-huit mille neuf cent quarante francs vingt centimes.*

A   le

il faut, ensuite de l'extrait du Compte courant, *deux Tableaux*, savoir :

L'un intitulé, *Résumé par nature et par masse des diverses parties du Compte courant;*

L'autre, *Imputations des Recettes et Dépenses portées au résumé, suivant les Comptes d'ordre et les Livres auxiliaires.*

Et à l'appui de ce dernier Tableau, on doit alors produire des Etats détaillant les recettes, et les acquits justificatifs de la Dépense détaillés en des Bordereaux y annexés.

TABLE DES MATIÈRES.

FIN.